THE FAMOUS DESIGN

亚太名家别墅室内设计典藏系列之三 一册在手，跟定百位顶尖设计师
不 可 不 看 的 别 墅 风 格 大 全

原木生活

北京大国匠造文化有限公司·编

中国林业出版社
China Forestry Publishing House

图书在版编目（ＣＩＰ）数据

亚太名家别墅室内设计典藏系列. 原木生活 ／ 北京大国匠造文化有限公司编. -- 北京：中国林业出版社,2018.12

ISBN 978-7-5038-9854-9

Ⅰ．①亚… Ⅱ．①北… Ⅲ．①别墅 – 室内装饰设计 Ⅳ．①TU241.1

中国版本图书馆CIP数据核字(2018)第265941号

责任编辑：纪　亮　樊　菲
文字编辑：尚涵予
特约文字编辑：董思婷

出版：中国林业出版社（100009 北京西城区德内大街刘海胡同7号）
网站：http://lycb.forestry.gov.cn
E-mail：cfphz@public.bta.net.cn
印刷：北京利丰雅高长城印刷有限公司
发行：中国林业出版社
电话：（010）8314 3518
版次：2018年12月第1版
印次：2018年12月第1次
开本：1/12
印张：13.5
字数：100 千字
定价：80.00 元

留白
White Space

主案设计：奚富生
项目面积：280平方米

■ 留白，是设计师所追求的一种境界。
■ 富有中国山水文化特色的现代简约风格。
■ 或许，留白才能表达"宠辱不惊，闲看庭前花开花
　　落；去留无意，漫随天外云卷云舒"的造诣。

为了体现简约自然的基调，在硬装方面采用了干净的黑、白、灰元素，白色的乳胶漆、灰色的水泥砖、黑白配的厨房间无一不给人一种平和的心境。局部软装根据业主要求做了一些加法，餐厅区的软装着重融入了浓厚的中国山水文化的禅意风，摆在餐桌上充满禅意的陶瓷花瓶与边柜上的山水画融为一体，与简约的黑色金属摆件构造出一种恬淡宁静的简约中国风。

在设计多元化的今天，设计要遵循本土化，吸收传统建筑文化和室内装饰设计中的精髓，并加以创造性转化，构建出极具个性特色的设计风格和样式。在回归传统和多元共生的当今，只有改变才有获得，只有创新才有发展，而留白的巧妙运用正是其中的完美体现，因为在不经意间我们回头发现：质朴与简单才是设计的最高境界。

一层平面图

自宅
House Of One's Own

主案设计：陶磊
项目面积：600平方米

■ 空间充分自由伸展，如同抽象的山水。
■ 可以最大限度地感知新建筑带来的自由与舒展。
■ 住宅空间得以既分开又联系，实现各种空间片段之间的切换，使其更有生活的戏剧性。

建筑并非单纯营造内部空间，也不是一味地构筑外部结构，而是在内部与外部之间营造内涵丰富的场所。这个住宅尽可能地将原有建筑的地板、墙体、顶板与外部构筑对齐，只有一道玻璃来隔断温度，力求达到内外统一性。追求内与外的统一性是为了让室内可以更直接地感受到自然的存在，室内空间除了必要的功能和材料之外，无需任何多余装饰。

所谓居所，不过是在自然环境中建立起对人具有庇护作用的构筑物，但不应因此失去对自然最直接的关联。在这里，巨大的"外罩"将一切混合在一起，自然与人工环境变得模糊，衍生出了新的境界，从而超越了自然。建筑不再是隔离人与自然的装置，而是二者的连结体。

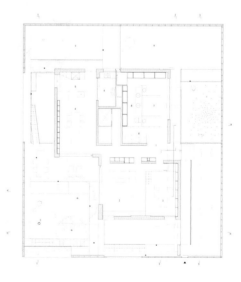

平面图

恬静艺墅
Quiet Villa

主案设计：蔡锦明
项目面积：991平方米

■ 家是一处能够褪去都市尘嚣让我们身心放飞的堡垒。
■ 家是一条旅人走遍天涯失去方向也不会忘记的道路。
■ 家是一湾能够洗涤掉繁杂的世事回归安静心灵的溪水。

在这充满了人本的设计里，保留当地环境的人文风景，设计大面开窗引景入室，带入无价之景使退休生活更显舒适。

因建筑格局事先就已结合室内设计去做规划，所以建筑完成就已极大化住宅，在布局上为艺文融入住宅生活化，所以将公共空间设计为能结合各空间弹性去作规划，保留多功能室在公共空间区域以备艺文招待使用，不让空间拘束住。

设计的最大低碳材料就是火山泥，是天然环保材，具有吸湿调节温度等功能，加上无价之窗景，让整体设计增添无可比拟之价值。

因当地是选择退休的好地方，所以也不希望破坏当地的阳光、空气、水及美景，设计上就多次沟通，以简单、纯朴、自然不作做的设计为出发，在完工后充分满足退休生活的无拘无束、自然纯真。

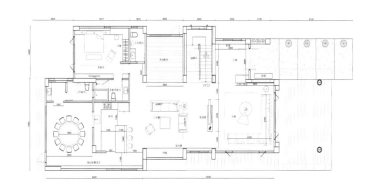

一层平面图

朽木之缘

The Beauty of Rotten Wood

主案设计：吴才松
项目面积：120平方米

- 将旧房子废弃的朽市重新置于空间中。
- 白墙通过投影电视变幻时空，动静皆宜。
- 用朽市设计成大小不一的方盒，留下生命的痕迹和生活的情怀。

都市生活快速的节奏，让时间似乎走得更快了。本案尝试让时间慢下来，让居住者静下来去体验空间与生活。设计在尝试去风格化。在设计的元素上，采用朽木头对空间进行表达，用美去发现朽木可雕之处，然后重新去认知这个世界。空间没有所谓完全的客厅或书房，家具可以随意摆放，书架可以随意组合，也没有电视机，一面白墙就是电视机，而且可以通过投影变化背景。空间与空间之间不需要太多的界限。静与动的随心互换，就像是空间从来不缺少生命，空间也就有了意义。

平面图

以石为邻，以木为家
Stone & Wood

主案设计：杨航
项目面积：140平方米

■ 素净的墙面搭配大理石电视背景墙，营造宁静的氛围。
■ 设计干净简单，构筑经典，回归自然。
■ 暖色餐厅吊灯让冷色调的空间变温暖。

以石为邻，以木为家，返璞归真而栖之——这就是本案设计的初衷。设计师在设计中借助不同材质，巧妙运用山、水、木的元素，抽离出返璞归真的视觉语言。以泼墨感的石材墙面、水墨浓郁的装饰画、散发木质原味的沙发背景等片段营造出一股人文气息的返璞归真之态。

客厅没有多余装饰，造型别致的沙发背靠木质墙板，给人宛若背靠森林般的舒畅。地面仿石纹的瓷砖铺贴，让整个空间视觉延伸，泼墨石纹呼应艺术感极强的装饰画，墨感中透露出人文气息。设计师用最纯粹和本质的手法，让居住者远离城市钢筋水泥之烦闷，体验贴近原始与自然的放松。

平面图

阿姆斯特丹

Amsterdam

主案设计：严晓静
项目面积：97平方米

■ 设计简约，装饰简洁。
■ 装饰画与沙发背景的整面留白形成强烈对比。
■ 装修贴合主题，颜色搭配自然，偏冷色调。

当轻工业遇上北欧设计，既符合年轻人快节奏的生活方式，又结合北欧适宜居住的慢生活，呈现不一般的摩登生活态度。设计侧重家具自身功能性，简约且没有任何多余的装饰，很好地满足现代人在繁琐工作和生活中需要寻找出口，追求心灵安静的家得诉求。

灰色系电视背景结合过道加以KD造型勾勒，搭配壁炉使家居氛围沉稳、随意与休闲。套房的设计，浅灰色与纯白的搭配呈现一种舒适感，简洁而脱俗的设计风格看起来更为理性、含蓄。北欧风格的通透和自然总能给人带来一股平静的美。

生活&态度
Life & Attitude

主案设计：蒋沙君
项目面积：300平方米

- 以简约、素雅为主色调，加入局部搭配的软装配饰。
- 软装装饰搭配舒适、时尚、美观、实用。
- 盘坐在楼梯上，透过如雨丝般的钢索欣赏暗藏柜休上的艺术作品，有不同的生活领悟。

设计的核心思想是生活的态度。对于家而言，并不在乎它有多美，而是在于它是否能带来归属感。它的理想状态就是可以很自如地呆上好几个礼拜不出门。

空间的布局以开放式为主，设计师希望通过每个功能区域的串联，增进人与人之间的交流。在这个浮躁的社会里，我们需要真正属于自己的生活，公共区域每一处角落都可以随意坐下，或安静地看会儿书，或和自己最亲密的人喃喃细语。生活本该如此，不需要过多的精彩，但总能让你感动。生活的态度就是如此，简单并不华丽，却能铭记于心。

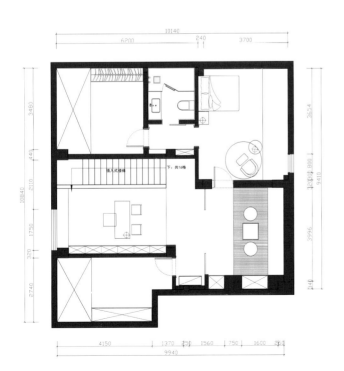

工业味的禅意

Industrial Zen

主案设计：谭沛嵘
项目面积：200平方米

■ 抛开传统的中式花纹，利用物料上的颜色搭配禅意感。
■ 混合简约现代风，简单直接，带出主题。

　　本案例呈现了设计与生活之间的角力。具有设计感的布局、充满住家感的居所，在种种角力之下，迸发出火花，并与建材、灯光共同营造淡雅空间。

　　走进屋内你第一眼就会见到通往阁楼的黑铁制作成的楼和鱼池，也是全屋最抢眼的地方，当你慢慢静下来，坐在楼下的鱼池边脱下鞋子，专注地望一望鱼池内的小龟及小锦鲤，就是设计师最想打造出的设计效果。每晚回到家时，有一个心灵过滤，给自己也静一静去欣赏生活上其他的美事。

在宜家风的家里喝杯星巴克

Starbucks in IKEA

主案设计：冯星辰
项目面积：164平方米

- 北欧风格，简单随性，自然洒脱。
- 原木色与大理石结合，略有轻奢风。
- 完全透明的卫生间设计，大胆时尚，具有十足的美感。

台式简约，悠闲温润。两者结合，会有什么样的化学反应？设计师用"宜家风格+星巴克"两个关键词，道出了想要的家。

一幅背景墙画，瞬间点亮了整个空间。黑色皮质沙发，品质中彰显奢华。开放式厨房，带来了更多的时尚气息。嵌入式家用电器给餐厅节约空间。主卧中，设计师完全融入了关于"星巴克"的需求，营造了暗色、静谧的休息氛围。灰色、茶色相结合，空间氛围更加浓厚。半开放式衣帽间，灰色背景墙沿袭了整个空间的氛围，具有高级灰的品质感。

时光里的香镜
The Mirror

主案设计：钟莉 / 设计公司：成都壹阁高端室内设计事务所
项目面积：219平方米

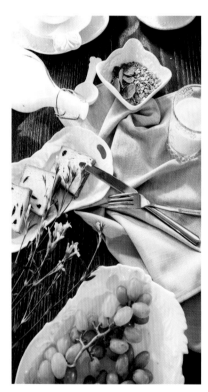

- 沉静的高级灰墙面，与原市色和白色呼应。
- 浪漫的白色沙幔，延续优雅格调。
- 抬高地面，阶梯状造型，划分空间层次。

设计师在设计上推崇优雅、高贵和浪漫，在功能上更加细化家庭的功能空间，将"家"和"工作室"融合为一体。

干净清爽的色调作为基调，运用棉麻质感的布艺、家具、挂画与鲜花绿植搭配组合在一起，将整个空间点缀在自然当中，保持了整体空间适度浪漫和轻灵的格调。一组灰色系的棉麻布艺沙发撑起了舒适的客厅空间，让所有可被发挥的冷暖色彩都能自然过渡，自然主义情调的家具贯穿其中，看似简约的设计都有细节的造型变化。花园的设计作为空间中的点睛之笔，不着痕迹地将空间气息氛围进一步提升，成为一道美丽的风景线，阳光绿叶，满是萦绕的木质芬芳，给人轻松舒适的氛围，抛却俗世繁杂，只唯心而已，生活的真谛就在这里。

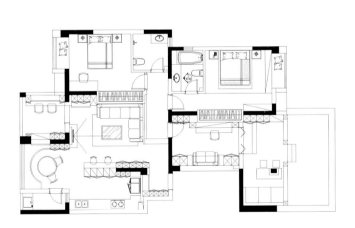

小宇宙
Mini Apartment

主案设计：黄铃芳
项目面积：33平方米

- 白色的电视墙高效率地隔出客厅厨房和卧室。
- 厨房的滑动梯可以根据业主的需求移动。
- 浅色调、亲和的木纹板，隔而不断的空间，让室内采光和空气状态都很好。

　　虽然公寓面积小，但大面积窗户和挑高还是为设计师留有很好的发挥余地。高低落差为公寓开辟了很多有趣角落，让人可以从不同视觉角度感觉室内氛围，也能窥见户外的城市景色和天色的变化。无隔断而开放的设计，创造出空间和功能的灵活性。

　　设计师利用层高的方式很不同，没有过于压榨层高，而是用高低的落差满足功能所需，将错层较低区分配给客厅与主卧，不另外施做夹层，保留整体的透空挑高感。靠窗旁则规划整排卧榻，搭配窗帘的弹性调节，形成绝佳的观景休憩区，后方则连接一座升降餐桌，于桌旁开设一扇小窗，既隐密同时又与户外视野保有连接。

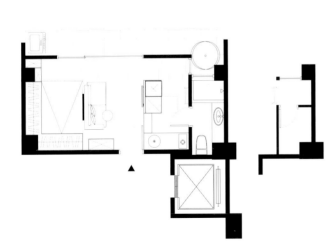

原木之家

Natural Home

主案设计：郑小馆
项目面积：177平方米

- 容器里面的生活才是最好的色彩。
- 家的渴望和安心，已然深深地镌刻进了人们的基因。
- 房子之于中国人，无异于水之于鱼，母胎之于胎儿。

　　整体风格似中非中、似现代非现代，不被任何一种既定的形式风格所定义，只在乎让心灵与生活对话。

　　整个房子采用白色、暖灰色和浅木色为主调，三色呼应，营造出了一种宁静致远、清新雅致的氛围。地面采用灰砖，冷墙上是木饰面。木家具给人以绵绵暖意，冷墙散发着森森寒意，意在突出冷暖对比，实现阴阳平衡。跟从北欧实用主义和极简主义，抛弃杂念，去除多余的装饰主义。家具，如沙发、餐桌均用黑胡桃精雕细琢而成，隐隐透露出一股经年的沉稳踏实，又不失澄净缄默，一如主人翁内敛稳重的风骨。

　　整个房子的木饰面都是收纳柜，简单利落还实现了可利用空间，可谓是功能与形式的完美结合。客户在回家后找到归宿感，真善美的至高体验。

清新小户型
Cozy Apartment

主案设计：江涛
项目面积：160平方米

■ 过道的古堡灰石材与木质元素相互映衬。
■ 空间及功能化家具雅致精简。

本案的业主为80后，对居住空间的理解务实且精致，摒弃了比较主流的西式设计风格，以东方审美为基调，加以现代时尚的生活需求，营造出简约明快的生活空间。

开放式书房与客餐厅连为整体，既增强了客厅公区的通风采光，也减少了过道区域的空间浪费。中西厨之间以无框钢化玻璃做为分区，既解决了中厨油烟的隔离，也将中西厨橱柜在视觉上行成整体连贯，更加贴合整个环境的线条感。

一层平面图

禅绵·缠绵

Zen

主案设计：戴铭泉 / 设计公司：大漾帝国际室内装修有限公司
项目面积：200平方米

- 4种水纹玻璃，交叠出光晕漫射的视觉效果。
- 利用LED照明，酝酿光影散射的情境效果。
- 视野开阔，具有浓而不腻的人文知性。

　　光与影的知性交流，为空间注入当代语汇的禅释新解。作为度假居所，业主期待有着别于以往生活的体验。设计师将原有的三套房格局逐一整合，改以一大房规划更加贴近实际需求。让人惊艳的混搭，跳脱以往禅风的既有框架。以泡茶区作为客厅范围的构面延伸，创造出丰富弹性的机能余裕。别具风韵的矮凳茶几设计，型塑匠心独运的闲适禅境。将主卧床头略为侧转，拥抱最佳尺度的海景沿面。

疗愈系住宅
Healing

主案设计：郑明辉 / 设计公司：虫点子创意设计
项目面积：80平方米

- 借由北欧风主题与浅色系搭配，打造清新舒适的氛围。
- 高低不一的不规则书柜，摆放大小及高度不同的书籍与收藏。
- 设计营造敞朗的开放感，将书房、餐厅与客厅构筑同一条视觉轴线，铺述空间最原始的韵味。

　　设计师让空间回归纯粹白净，以业主的故事为调色盘，一笔笔涂抹上丰沛的情感与色彩，缔造简洁又清新的居家氛围。设计以利落线条、单纯的块面来诠释简约又蕴含层次感的设计符码，以天然的木质素材来铺陈场域的温度。

　　从玄关入内，白色烤漆与梧桐木柜面揭开休闲意象，其木质元素更延续到客厅电视主墙，增添整体空间的温润质感。恢弘明亮的公共空间，串联了客厅、餐厨区及书房，视觉上以开放形式呈现开阔感，透过北欧主题与色彩铺陈，让空间与活动相互协调。使用大量梧桐木皮，堆砌出家的暖意，在餐厅部分更选购原木桌椅，让休闲感更明确。

水色天光
Water Colour

主案设计：吕秋翰
项目面积：100平方米

■ 利用光线角度，产生冷暖变化。
■ 简单利落和精准的舒适，无负担的造型空间。

　　因为业主选择了拥有河景的基地，所以在设计上设计师希望此空间能够与屋外一起流动变化，借由变化来对比都市平淡步调的生活；借由窗口的不锈钢平台反射的特性，能像河景一样反映天色，把水色引入空间；墙面特殊处理的镜面，配合光线角度的关系，使空间冷暖变化，业主也能够体验此变化的张力感。

　　空间布局上因业主需求，必须规划出一个客房，但客房在一整年的使用几率上非常少，所以客房便规划成能自由封闭及开关的空间，在开放时客房放床处能变成靠近河景的卧榻；而当客房时，能够收放的餐桌可缩短靠墙供客人当书桌使用。

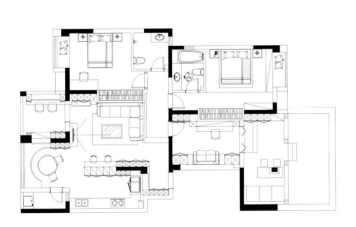

吴月雅境

Moonlight Garden

主案设计：何宗宪
项目面积：757平方米

■ 以竹为主题，糅合东方味道，空间具有诗意。
■ 利用简单的动线，条理分明。
■ 墙上至天花的造形面，在LED灯光的映衬下，错落有致。

　　设计师运用了和谐的概念，将室外与室内融为一体，提高了设计整体风格的统一性及和谐性。设计以东方精神为出发点，用呈现竹林意境的手法，营造恬静闲息的氛围，体现现代、优雅且令人舒服的精致低调奢华。

　　本案例所在地有四面园林的优美环境，设计师运用其地理优势，为业主缔造出了一个非同一般的豪华别墅新体验。面对周围园林与水的元素，设计中并非单单将室外的景观直接导入室内，而是更进一步仔细的利用空间规划，把不同的景观置入设计师预设的框架内，为室内营造一步一景的视觉效果，创造出丰富的空间层次。

1. Master Bedroom
2. Master Bathroom
3. Walk-in-Closet
4. Bedroom
5. Bathroom
6. Balcony

1/F Floor Plan

0　1000　2000　3000　4000　5000　mm

一层平面图

土间宅

House on Earth

主案设计：尹嘉德 / 设计公司：大尹设计顾问有限公司
项目面积：198平方米

■ 橡市色为主调，墙面较多的留白，塑造安静放松的氛围。
■ 钢琴背后跳耀的层板，成为黑色镜面钢琴的背景，突显气质
■ 突破传统的空间制约，放大使用意义。

  设计师所秉持的美学深度必须与业主的内在结合，让设计师与业主的心魂相互映照，最终让空间的图像与业主深度地相互契印。

  本案使用了"减去"的设计观点，在不减损美学与功能性的同时，不断去检讨材料的单一性的可能与舍弃无谓的造型堆砌，专注在氛围的营造，严格审视空间每个组构，而非缤纷的建材与手法。设计技巧、材料选择、色彩控制这三者相互搭应，让繁忙的业主在历经一天的拥挤后，回到家中能有着属于都市特有质感的轻松。

纯粹

Pure

主案设计：庄轩诚 / 设计公司：及俬室内装修设计有限公司
项目面积：113平方米

■ 原市色的设计风格，干净又纯粹。

■ 色彩搭配素雅，设计简单。

■ 轻色系材质，提高空间的亮度，使人心情愉快。

　　身处在都市丛林，许多现代人都想重新回归自然，找寻身心健康平衡的生活方式，而这样的态度也影响了住的形貌。

　　设计师开始反省人为室内建筑与自然的关系，"乐活"与"慢活"变成设计师与业主之间的共识。公共空间之串连延伸，居住者可随心所欲地自在生活。特别选用温暖质地的地板、家具，与白色的天花板和墙面自然交融成一片，酝酿出净雅的惬意感。选材用色皆以自然为前提，使业主能获得舒服平静的感觉，沉浸在"慢活"里。

宜动宜静
Dynamic and Static

主案设计：许盛鑫
项目面积：125平方米

- 超长餐桌搭配玻璃球形灯，点燃空间的轻盈律动。
- 架高地面的日式卧铺，配以西式的沙发摆设，展现文明混搭的静态和谐之美。

　　本案中，设计师首要的思考，就是如何透过内景制造、打造一处动态时兼具讲堂、会馆、接待所等多人共享机能，静态时可供屋主个人独处办公、静心沉淀，随机宜动宜静的人文御所。

　　跃层式复层形态建筑，以特制超长餐桌为轴心，同时结合电器插槽的设计，彻底颠覆了世人对于"桌"的定义。尽头处的白墙搭配投影设备，可供多人在此进行商务会议。

　　本该掩映于窗外的绿意，重新剪辑在长桌后靠的大面墙上，以室内植生墙的概念，将内景制造的可能最佳化，盎然的绿意带来明确的净化作用，也让空间洋溢着安静悠远的归属感。

大墨之家
Home of DAMO

主案设计：叶建权 / 设计公司：(温州)大墨空间设计有限公司
项目面积：160平方米

■ 采用回收的石头和市头，别具一格，充满沧桑感。
■ 家具饰品以功能的多样化、实用性为主。

　　本案是一个老屋改建，房子坐落在山上，供平时公司开派对、朋友聚会，并且仅一两个房间对外收揽游客。设计师在设计上考虑更多的是怎样将房子与外围自然的融合。在用材上提倡自然、环保、可循环的理念。

　　在结构上也做到可循环，让整个空间更加自由开放，整条楼梯与燕子吊灯贯穿整个空间，让它变得更有趣味。就地取材，采用后院的石头，设计师做了石头壁灯、石头切片展示架、石头壁炉等。

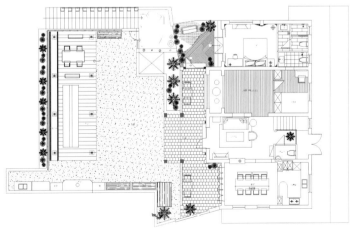

一层平面图

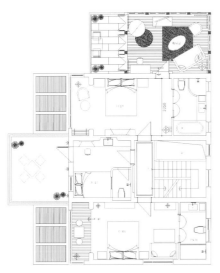

二层平面图

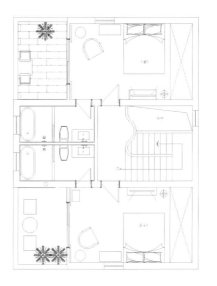

三层平面图

大墨之家Ⅱ

Home of DAMO Ⅱ

主案设计：叶建权 / 设计公司：(温州)大墨空间设计有限公司
项目面积：300平方米

■ 外立面的圆孔链接着室内外的自然关系，建筑与环境融合。
■ 全屋地台设计，地台上可以作床铺使用，设计非常巧妙。
■ 阳台外装饰让建筑像盒子一样，多了些层次感。

　　本案是老房子改造项目，为脱离城市中喧嚣吵杂的生活，回归最简单、淳朴的生活环境能让人感到宁静放松，让人与建筑，建筑与自然相融合，平衡现代化城市发展带来的环境问题。

　　外建筑通过灯光和木质的穿梭显得更加通透，层次更加分明。院子的小路利用石头与木板的穿插，加上小溪流的设计充分体现了自然的感受。室内透过圆窗与室外的绿植融为一体，原木、白墙，体现最自然的感受，透过大面积的落地窗感受着室外的风景，营造休闲慵懒的氛围。顶棚以现代简约的处理手法，保留了小部分的原始木梁顶，让空间变的既轻松又有质感。

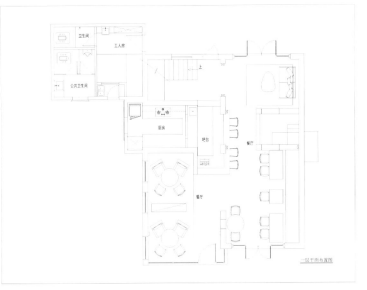

一层平面图

森林湖
Forest Lake

主案设计：潘锦秋 / 设计公司：潘锦秋室内设计事务所
项目面积：350平方米

■ 简洁的装饰背景，提高实用性。
■ 森林狼玩偶装饰的出现，贴合主题。
■ 提升品质，让人放松、舒适。

现在城市的节奏越来越快，设计师想用淡雅安静的风格，给每个业主回家以后一个真正放松的空间。他的设计宗旨是通过改变户型空间，在满足生活需要的基础上，尽量后期通过家具和软装来保证家的舒适度和实用性。

本案设计中，设计师从两个方面考虑，第一是本身房子的结构不理想，通过改变内部的空间来最大化地保证使用者在内的舒适度。第二是材质，为了达到门、衣柜、地板、楼梯等所有材料都是同一个质感，设计师最终选择了强化地板来作为整个家里饰面的最终组成部分，在制作门、移门时采用了不同的收边工艺来保证整体的质量和美观性。

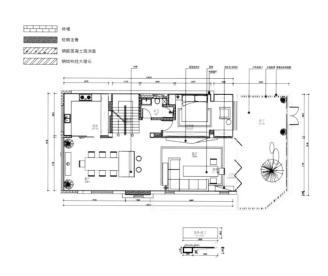

一层平面图

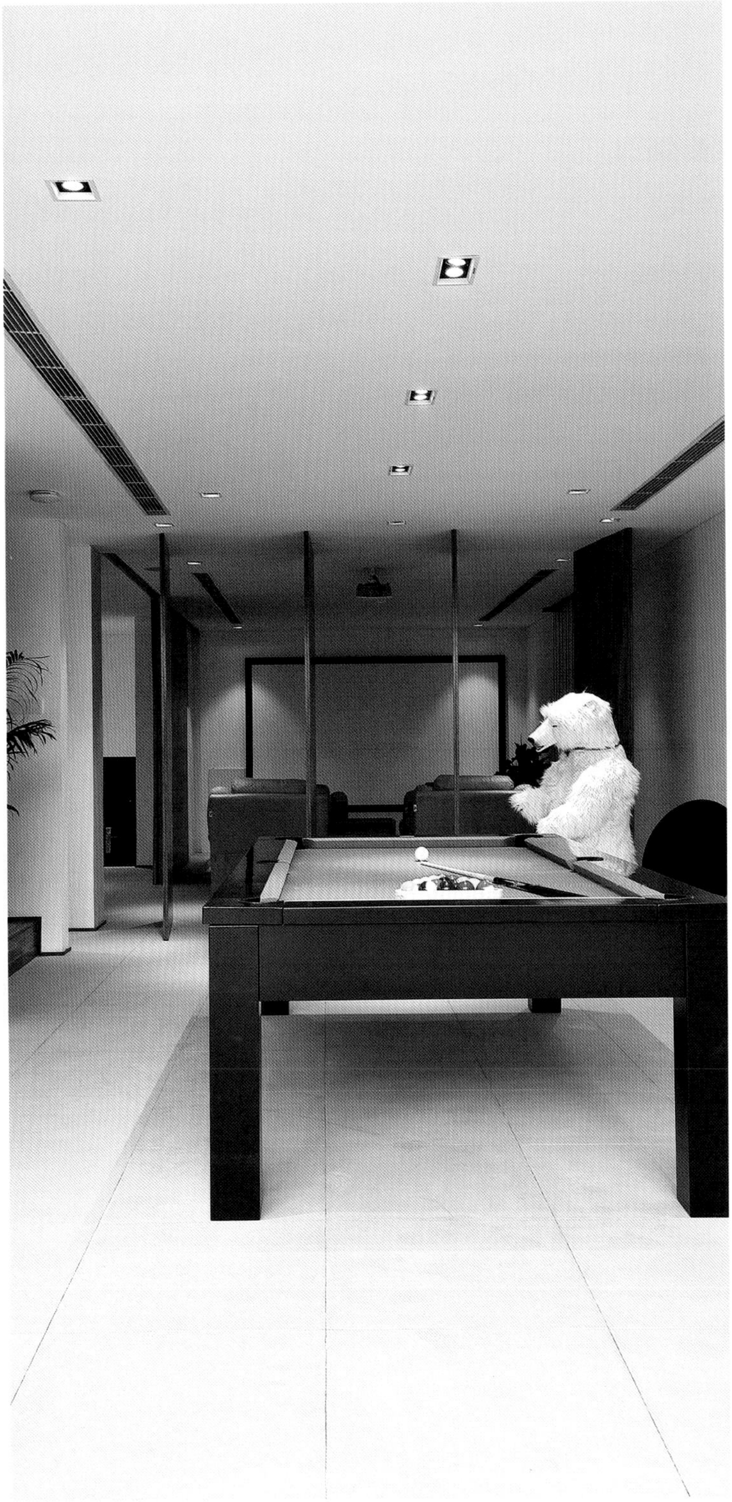

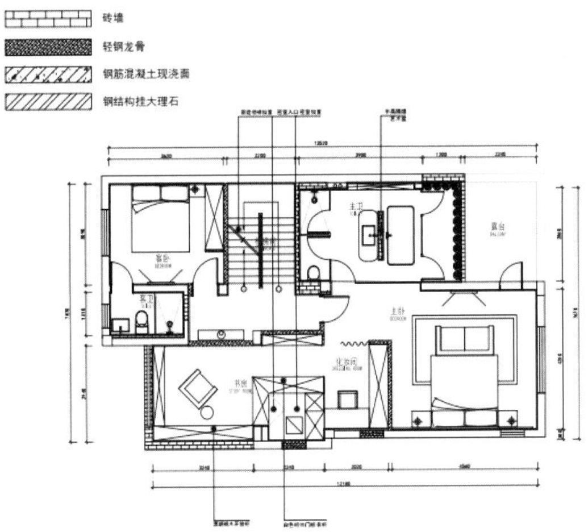

二层平面图

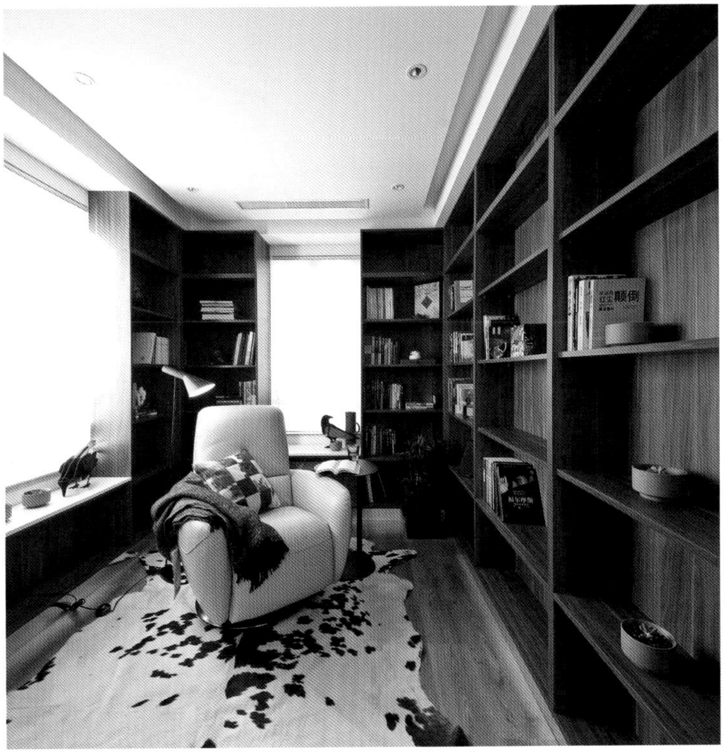

日式禅意

Japanese zen

主案设计：刘敏
项目面积：480平方米

■ 选用灰布纹地面，天然手打花岗岩、实木木作及楼梯等。
■ 实木日式禅意空间，干净清爽，落落大方。

本案整体富有日式禅意风，通过实木及挂画营造干净轻松的环境氛围，给业主更好的住家体验。

设计师通过现场测量及考察，把原本只有一层的房子土建改造为了两层，不仅增大了使用面积，更增加了空间舒适度。合理利用梁柱区分空间使用功能，并且开窗及门洞，增大采光。舒适的客厅、宽大的厨房，还有极具风格的茶室，合理布置的各个空间，给人轻松舒适感。

一层平面图

滇池畔的幸福
Happiness by Dianchi

主案设计：毛博
项目面积：220平方米

■ 以减法设计为切入点，化繁为简。
■ 简约、大气，增强居住舒适感。
■ 阳光与湖泊相映，生活清澈无比。

　　设计师旨在将房屋本身的窗景、结构、光线与生活恰到好处地融合，从而还原理想中生活的样子。没有采用高档材料，设计师更喜欢将原石、木料、混凝土这样原汁原味的材料运用到设计中。强调视觉感官和人的居住感受，没有过多的修饰，简简单单，却让人感觉很惬意。

　　本案在环境风格上主要是突出窗景，围绕景观进行深化设计，表面不做修饰，实则富有内涵。设计师重新规划空间，将私人感受放在第一位。

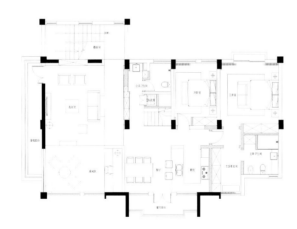

一层平面图

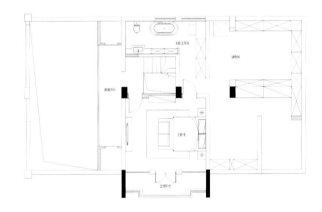

二层平面图

巢之法子

Nest

主案设计：和伟
项目面积：300平方米

■ 自由的搭配，精致的选材，统一的色调。
■ 复古地板、水泥砖、青砖、红橡做旧面板等搭配，别具一格。

　　"巢"谓之家，家是温暖的地方，是可以供人遮风挡雨的地方。因为那里，有自己最爱的亲人。家代表了你的品味，凸显了你的价值观，更体现了你对生活的热爱。

　　本案例许多的软装饰品都源自于对生活的热爱，对品味的独特追求。一个咖啡杯、一个抱枕，一张地毯……都是业主与设计师精挑细选的结果。也许这并不是多数人喜欢的色调，不是多数人喜欢的风格，但是不得不说，身处其中却能感觉到对于家的热爱，对于生活品味的追求，对自由的追求。

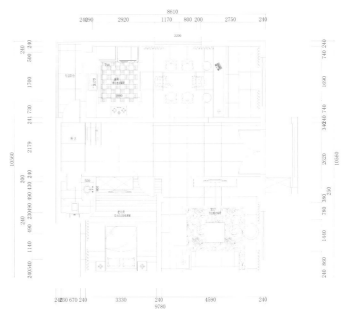

一层平面图

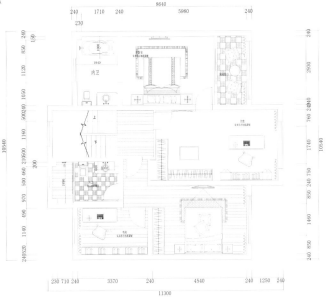

二层平面图

木石·双重奏
Wood & Stone

主案设计：吴金凤 / 设计公司：采韵室内设计有限公司
项目面积：180平方米

- 化繁为简，维持室内恒定色温。
- 软硬装搭配，符合人文为上的时尚美学。
- 精心勾勒和谐比例，重现细腻现代工艺。

　　自由流动的光感赋予空间无可取代的正能量，设计师在整体规划上善用复层楼面特色，逐一安排主题鲜明的生活、娱乐机能。

　　本案大量使用木、石类素材，为空间凝聚浓郁的休闲自然感，同时也展现了精湛的现代工艺，勾勒生动的景深层次与细节美感。造型量体、构图画面不断在此间交汇、延展，生活中的人文深度与探索趣味也随之而来。流畅动线、简洁清透的介质处理以及低调但不附和一时流行的优质素材搭配，完成了空间必要的洗炼风格和机能定义，也更具稳定、精致的包容力。

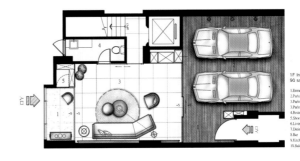

1F Interior area:
90 square meters
1.Entrance
2.Parking
3.Parlor Room
3.Parlor Room
4.Restroom
5.Shoe Closet
6.Living Room
7.Dining Room
8.Bar
9.Kitchen
10.Balcony

2F Interior area:
90 square meters
1.Entrance
2.Parking
3.Parlor Room
3.Parlor Room
4.Restroom
5.Shoe Closet
6.Living Room
7.Dining Room
8.Bar
9.Kitchen
10.Balcony

原木生活

473

减法自然
Less Is Natural

主案设计：尼克 / 设计公司：尼克设计事务所
项目面积：450平方米

- 空间通透，创造视线延伸最大化，连接室内外景致。
- 开敞的市条式设计，充分利用阳光投射在沙发上的暖意。
- 自然元素混合着植物的色彩，从室外流淌到屋内，具有流动性。

　　设计师在保持结构空间适度调整的同时，适当地消解建筑室内和室外的强烈分割感，创造灰空间和庭院，在这样流动空间的周围，房间不再是一个个孤立静置的容器，而是在同一个有机建筑体里担当一个个可呼吸的角色。

　　在设计中设计师把整个房屋当成一个复杂的生命体去看待，而不是只关心一层华而不实的外皮。让房屋有力量在时间中慢慢成长，经久增韵。

　　"设计"是刻意的，而"减法设计"是不刻意的"动"，就像随风而动，是一种顺势而生的状态，那就是追寻"自然"。